BEI GRIN MACHT SICH IHR
WISSEN BEZAHLT

- Wir veröffentlichen Ihre Hausarbeit,
  Bachelor- und Masterarbeit

- Ihr eigenes eBook und Buch -
  weltweit in allen wichtigen Shops

- Verdienen Sie an jedem Verkauf

Jetzt bei www.GRIN.com hochladen
und kostenlos publizieren

Esra Gentürk

Experimente im Biologieunterricht

Definition, Bedeutung, Kompetenzerwerb

GRIN Verlag

Bibliografische Information der Deutschen Nationalbibliothek:

Die Deutsche Bibliothek verzeichnet diese Publikation in der Deutschen National-
bibliografie; detaillierte bibliografische Daten sind im Internet über http://dnb.d-
nb.de/ abrufbar.

Impressum:

Copyright © 2009 GRIN Verlag GmbH
Druck und Bindung: Books on Demand GmbH, Norderstedt Germany
ISBN: 978-3-640-33130-7

Dieses Buch bei GRIN:

http://www.grin.com/de/e-book/126710/experimente-im-biologieunterricht

GRIN - Your knowledge has value

Der GRIN Verlag publiziert seit 1998 wissenschaftliche Arbeiten von Studenten, Hochschullehrern und anderen Akademikern als eBook und gedrucktes Buch. Die Verlagswebsite www.grin.com ist die ideale Plattform zur Veröffentlichung von Hausarbeiten, Abschlussarbeiten, wissenschaftlichen Aufsätzen, Dissertationen und Fachbüchern.

Besuchen Sie uns im Internet:

http://www.grin.com/

http://www.facebook.com/grincom

http://www.twitter.com/grin_com

Inhaltsverzeichnis

1 Einleitung 1

2 Definition 1

3 Erkenntnisprozess 2

4 Die Bedeutung von Experimenten im Biologieunterricht 3

5 Arten und Möglichkeiten des Einsatzes 4

6 Allgemeine Regeln bei der Durchführung 6

7 Chancen und Risiken 7

8 Zusammenfassung 10

9 Quellenverzeichnis 11

1 Einleitung

„Erzähle mir und ich vergesse. Zeige mir und ich erinnere mich. Lass mich tun und ich verstehe." (KONFUZIUS, 551 – 479 v. Chr.)

Mit dem technischen Fortschritt der letzten Jahrzehnte haben sich Experiment als zentrale Methode der Erkenntnisgewinnung in der naturwissenschaftlichen Forschung etabliert. Daher sollte auch naturwissenschaftlicher Unterricht darauf ausgelegt sein, Sachverhalte und Phänomene durch experimentelle Arbeitsweisen zu vermitteln.

Zu den Naturwissenschaften zählt mitunter die Biologie, welche sich mit der belebten Natur und den Gesetzmäßigkeiten im Ablauf des Lebens von Pflanzen, Tieren und Menschen beschäftigt. Ziel des Biologieunterrichts ist es diese Phänomene erfassbar zu machen, um eine Grundlage für ein gesundheitsbewusstes und umweltverträgliches Handeln „sowohl in individueller als auch in gesellschaftlicher Verantwortung" (KULTUSMINISTERKONFERENZ 2004, S. 7) zu schaffen. Dabei dienen Experimente nicht nur als exemplarische Werkzeuge zur Einsicht in naturwissenschaftliche Erkenntnis- und Arbeitsweisen, sondern auch als Hilfsmittel, um durch Anschauung und das unmittelbare Erleben biologischer Phänomene, eine intensive Auseinandersetzung mit der belebten Natur zu ermöglichen.

Im folgenden Bericht erfolgt eine Darbietung der Charakteristika von Experimenten im Biologieunterricht. Beginnend mit einer Definition und der Bedeutung des Experimentierens beim Erkenntnisprozess, erfolgt eine kurze Darstellung über den einhergehenden Kompetenzerwerb im Sinne der KMK-Bildungsstandards. Im Anschluss werden Arten und Möglichkeiten beim Einsatz beleuchtet sowie allgemeine Regeln zur Durchführung vorgestellt. Die Effektivität von Experimenten wird unter dem 7. Punkt „Chancen und Risiken" aufgeführt und unter anderem in einer abschließenden Zusammenfassung diskutiert.

2 Definition

In der Biologie handelt es sich bei einem Experiment um eine gezielte „Frage an die Natur" (ESCHENHAGEN et al. 2006, S. 260), die Beobachtungs-, Erkundungs- oder Prüfzwecke verfolgt. Dabei soll ein Experiment Aufschluss über die Abhängigkeit bestimmter Faktoren bei entsprechenden Lebensvorgängen geben, um Erkenntnisse über Regelhaftigkeiten dieser Prozesse zu ermöglichen (PÜTZ 2005).

In einer konkreten experimentellen Situation wird ein Naturvorgang methodisch-planmäßig beeinflusst. Dabei wird ein bestimmter, der Beobachtung zugänglicher Faktor (z.B. Nährstoffangebot) systematisch variiert (z.B. viel Dünger – wenig Dünger), um die entstehenden Veränderungen des Objekts zu studieren. Alle anderen Faktoren, die das Ergebnis beeinflussen könnten (z.B. Temperatur, Lichtintensität etc.), müssen dabei konstant gehalten werden, um gültige Aussagen über die Abhängigkeit des zu untersuchenden Faktors zu ermöglichen. Um die Ergebnisse angemessen auswerten zu können, wird ein Kontrollversuch ohne systematisches Eingreifen als Vergleichsmöglichkeit durchgeführt.

3 Erkenntnisprozess

Beim Experimentieren in der naturwissenschaftlichen Forschung und im Unterricht erfolgt der Weg der Erkenntnisgewinnung meistens als exakte Induktion (auch hypothetisch-deduktives Verfahren). Diese gilt KLAUTKE (1997) zufolge „als die sicherste, ja z. T. als die einzige Methode, um Ursache-Wirkungs-Beziehungen empirisch aufzuklären" (ebd., S. 324 f).

Das Verfahren der exakten Induktion erfolgt STAECK (1998) zufolge in vier Stufen. Zu Beginn steht die Analyse und Problematisierung bestimmter Einzelfallbeobachtungen (z.B. Beobachtungen an Wasserpflanzen zeigen, dass Gasbläschen an die Wasseroberfläche steigen). In der nächsten Stufe wird eine Hypothese aufgestellt (es handelt sich um Sauerstoff), welche Prognosen über wahrscheinliche Ursache-Wirkungszusammenhänge enthält (Induktion). Zur Überprüfung dieser Prognosen erfolgt in der dritten Stufe ein Experiment mit einem geeigneten Objekt (die bei der Wasserpest entstehenden Gasbläschen werden aufgefangen und mit der Spanholzprobe auf Sauerstoff untersucht), bei dem die methodische Vorgehensweise von der Hypothese bestimmt wird (Deduktion). Der letzte Schritt beinhaltet die Bestätigung (Verifikation) oder Verwerfung (Falsifikation) der Hypothese (Induktion).

Verifiziert das Experiment die Hypothese durch das Eintreten der Prognosen (bei der Photosynthese entsteht Sauerstoff), so kann eine neue, weiter differenzierte und spezialisierte Hypothese aufgestellt werden (KLAUTKE 1997). Treffen die Prognosen auch nach einer Zufallsergebnisse (z.B. infolge von Störgrößen und Beobachtungsfehlern) ausschließenden Wiederholung des Experiments nicht zu, so kann die Hypothese verworfen oder aber durch Zusatzhypothesen ergänzt werden. Das Aufstellen, Verwerfen und Ergänzen von Hypothesen ermöglicht es, sich einem Sachverhalt „bis zur größtmöglichen Wahrscheinlichkeit zu nähern" (KLAUTKE 1997, S. 324). Häufig bestätigte Hypothesen können sich zu Theorien entwickeln, welche wiederum nach mehrfacher Prüfung zu Gesetzten formuliert werden können (KLAUTKE 1997).

4 Die Bedeutung von Experimenten im Biologieunterricht

Da Experimente charakteristisch für die biologische Forschung sind, sollte Selbiges auch für den Biologieunterricht gelten. Die verbindlichen Bildungsstandards des Kultusministeriums verzeichnen Experimente als grundlegendes Verfahren für den Erwerb von Kompetenzen im Bereich „Erkenntnisgewinnung". Den Regelstandards für diesen Kompetenzbereich zufolge, führen Schüler[1] „Untersuchungen mit geeigneten qualifizierenden und quantifizierenden Verfahren durch", „planen einfache Experimente, führen Experimente durch und/ oder werten sie aus" und „wenden Schritte aus dem experimentellen Weg der Erkenntnisgewinnung zur Erklärung an" (KULTUSMINISTERKONFERENZ 2004, S. 18). Innerhalb dieses Kompetenzbereichs erlangen die Schüler Einsichten in naturwissenschaftliche Forschungsmethoden und Fähigkeiten hinsichtlich technischer und fachtypischer Arbeitsweisen. Dabei werden wesentliche Erkenntnis- und Dokumentationsmethoden, wie Beobachten, Vergleichen, Beschreiben, Protokollieren oder Zeichnen, sinnvoll zusammengebracht (ESCHENHAGEN et al. 2006). Einige Aspekte, wie das Zusammenfassen von Ergebnissen, Zeichnen oder das Systematisieren (z.B. von Tabellen) unterstützen zusätzlich den Erwerb von fächerübergreifenden Arbeitsweisen.

Darüber hinaus greift das Experiment in weiteren Kompetenzbereichen. Im Bereich „Fachwissen" können die Schüler Begriffe experimentell überprüfen und dadurch eine reale Anschauung und ein auf praktischer Erfahrung gegründetes Verständnis des Sachverhalts erlangen (z.B. die Konzentrationsabhängigkeit bei der Osmose). BERCK (2005) zufolge ermöglicht eine derartige Überprüfung biologischer Begriffe ein besseres Lernergebnis. Zielgerichtetes, konsequentes und planmäßiges Reflektieren sowie das selbstständige kreative Denken erfahren in diesem Zusammenhang ebenfalls eine Förderung und begünstigen die Entwicklung von Problemlösestrategien (ESCHENHAGEN et al. 2006).

Im Bereich „Kommunikation" erreichen die Schüler ebenfalls vorgesehene Kompetenzen. Das Arbeiten im Tandem oder in Gruppen erfordert Teamarbeit, bei der richtige Absprachen und eine gemeinsame Planung durch alle Mitglieder den Erfolg eines Experiments bestimmen. Weiterhin werden die Ergebnisse diskutiert und in Bezug gesetzt, wobei eine sachgemäße Verwendung der Fachsprache geschult wird. Ihre Auswertung erfordert dabei eine weitestgehend selbstständige Auswahl der angemessenen Gestaltungsmittel.

---

[1] Gender-Erklärung: Aus Vereinfachungsgründen bezeichnet der Begriff „Schüler" im Folgenden sowohl männliche als auch weibliche Personen. Selbiges gilt bei der Verwendung von „Lehrer".

Empirischen Untersuchungen zufolge (s. „Chancen und Risiken"), können Experimente im Biologieunterricht zu einer positiven Einschätzung des Faches führen. Dadurch unterstützen sie die Motivation für eine ausführlichere und aus eigenem Antrieb hervorgehende Auseinandersetzung mit ihrer Umwelt, wodurch eine globale Bewertung und Beurteilung biologischer Kontexte ermöglicht wird.

5 Arten und Möglichkeiten des Einsatzes

Im Gegensatz zum Experiment des Wissenschaftlers ist ein Experiment im Unterricht stets nur ein Nachvollzug mit bestätigendem Charakter, bei dem das Ergebnis dem Lehrer bekannt ist. Ein weiterer Unterschied zum Experiment des Forschers liegt darin, dass die Versuchsbedingungen im Schulunterricht gewissen Beschränkungen unterworfen sind. Dazu zählen ein geringerer technischer Aufwand, ein besonders hoher Grad an Sicherheit in der Durchführung und Zuverlässigkeit der Ergebnisse sowie ein deutlich beschränkter zeitlicher Rahmen (MOSTLER et al. 1979). Weiterhin ist zu bedenken, dass die Schüler über begrenzte Experimentierfähigkeiten verfügen, die es zusätzlich zu trainieren gilt.

Bei der Verwendung von Experimenten im Unterricht gibt es differenzierte Vorgehens- und Ausführungsweisen, die unterschiedliche Absichten Verfolgen. Für die Lehrperson gilt es zunächst ein konkretes Ziel festzulegen (z.B. ob es als Anschauungsmöglichkeit, Informationsquelle oder dem Erkenntnisprozess zur induktiven Erschließung eines biologischen Phänomens dient) und im Folgenden eine geeignete Vorgehensweise auszuwählen. Die Übereinstimmung von Ziel und Vorgehensweise ermöglicht den Schülern den Sinn und die Bedeutung des Experiments für ihren Erkenntnisprozess zu begreifen. Ist ihnen hingegen kein Zusammenhang ersichtlich, so hat ein Experiment wenig bildenden oder anregenden Wert (BERCK 2005). Zudem sollte der materielle und zeitliche Aufwand stets in einem Vernünftigen Verhältnis zum Nutzen der Schüler stehen.

Bei der Vorgehensweise ist zunächst die fachdidaktische Stellung des Experiments zu berücksichtigen. Üblicherweise unterscheidet man dabei zwischen einem einführenden, klärenden oder bestätigenden Experiment.

Das einführende Experiment erfolgt in der Regel zu Beginn des Unterrichts bzw. einer Unterrichtseinheit (SPÖRHASE-EICHMANN et al. 2004). ESSER (1978) zufolge soll ein einführendes Experiment „in ein Gebiet einführen, zu dem der Schüler bisher keinen Zugang hatte [und] Grundtatsachen bereitstellen, an die sich weitere Fragen anschließen" (ebd., S. o.A.). Die Einführung in eine bestimmte Problemstellung wird dabei von dem Lehrer geplant und vorbereitet. Dieser didaktische Ort der Einbindung kann neben der

Beobachtungsfähigkeit und der damit verbundenen Denkfähigkeit auch die Motivation der Schüler hinsichtlich der Bearbeitung eines neuen Sachverhaltes beeinflussen (ESCHENHAGEN et al. 2006).

Das klärende Experiment gibt Aufschluss über eine Problem- oder Fragestellung. Dafür sollte es in die Erarbeitungsphase eingebunden sein und in der Regel von den Schülern durchgeführt werden. Zur Veranschaulichung eines bereits erarbeiteten bzw. geklärten Sachverhalts kann ein bestätigendes Experiment zur Sicherung am Schluss eingesetzt werden.

Allerdings ist nur das klärende Experiment in das wissenschaftliche Methodengefüge der exakten Induktion integriert. Daher erfordert es nur in diesem Zusammenhang ein konsequentes Durcharbeiten und eine anhaltende gedankliche Auseinandersetzung. In den beiden anderen Fällen dient das Experiment nur als Anschauungsgrundlage oder Denkanstoß.

Bei der Verwendung von Experimenten im Unterricht ist weiterhin die Festlegung des Exaktheitsgrads (ESCHENHAGEN et al. 2006) bedeutsam. Man unterscheidet hierbei zwischen „qualitativen" und „quantitativen" Experimenten. Qualitative Experiment hinterfragen die Bedeutung eine bestimmten Faktors (z.b. ob Licht für die Fotosynthese notwendig ist). Dabei werden Fragen bzw. Hypothesen bejaht oder verneint. Die Antwort kann durch Beobachtungen, einfache Geräte und wenig Experimentiererfahrung beantwortet werden, weshalb sie besonders für die Sekundarstufe I geeignet sind (GRAF 2004).

Quantitative Experimente hinterfragen das Ausmaß eines bestimmten Faktors. Die Ergebnisse werden in Zahl und Maß ausgedrückt und miteinander in Bezug gesetzt (z.B. Abhängigkeit von Fotosyntheseaktivität und Lichtintensität). Die Umsetzung erfordert einen hohen materiellen Aufwand und exakte Arbeitsweisen (ESCHENHAGEN et al. 2006). Somit muss die handelnde Lehrkraft stets bedenken, ob sie über die umfangreichen und spezifischen Geräte verfügt und die Fähigkeiten der Schüler für derartige Untersuchungen bislang ausreichen.

Bei der Durchführung gibt es verschiedene Organisationsformen. Der Lehrer muss entscheiden, ob er das Experiment eigenständig durchführt (Demonstrationsexperiment) oder ob die Schüler einzeln, im Tandem oder in Gruppen experimentieren (Schülerexperiment). Empirischen Studien zufolge (s. „Chancen und Risiken") ist der relative Lernzuwachs bei Demonstrationsexperimenten höher als bei Schülerexperimenten. Da die Schüler bei einem Demonstrationsexperiment jedoch keine eigenen Experimentierfähigkeiten entwickeln können, ist abzuwägen in welchem Verhältnis beide zum Einsatz kommen sollten. Dabei eignen sich Demonstrationsexperimente gewiss bei einem Mangel an Geräten in Klassenstärke oder einer mögliche Gefährdung der Schüler. In einem solchen Fall sollte die

Lehrperson den Schülern eine „Versuchsanleitung" (BERCK 2005, S. 147) bereitstellen, damit diese die einzelnen Schritte nachvollziehen können.

Schülerexperimente unterscheidet man nach ihrem Zeitaufwand. Kurzzeitexperimente können im Verlauf einer Stunde oder Doppelstunde abgeschlossen werden. Diese werden in Bezug auf Ergebnis und Inhalt weitestgehend vom Lehrer vorbereitet. Sie können besonders sinnvoll eingesetzt werden, um Begriffe zu überprüfen oder Sachverhalte zu demonstrieren, zu festigen oder belegen (BERCK 2005).

Langzeitexperimente werden über einen längeren Zeitraum hinweg durchgeführt. Die Lehrperson legt dabei das zu untersuchende Problem fest, die Schüler können jedoch die methodische Vorgehensweise bestimmen. Langzeitexperimente besitzen in der Regel klärenden Charakter, indem sie der Überprüfung von Hypothesen dienen und somit in das Methodengefüge der exakten Induktion eingebunden sind.

6 Allgemeine Regeln bei der Durchführung

Um einen hohen Grad an Verständlichkeit und Aussagekraft eines Experiments zu gewährleisten, sollte die Lehrperson stets einige Regeln bei der Durchführung beachten (ESCHENHAGEN ET AL. 2006, S. 266 f.):

1. Bevorzugung einfacher Experimente

Ermöglichen mehrere Experimentieranordnungen das gleiche Resultat, so sollte diejenige mit dem geringsten Aufwand gewählt werden (es sei denn die Schüler schlagen von sich aus eine bestimmte Vorgehensweise vor). Dadurch wird die Experimentieranordnung erleichtert und die Schüler können sich in höherem Maß auf die Ergebnisse konzentrieren. Zudem werden mögliche methodische Fehler, die mit komplexer werdenden Experimentieranordnungen einhergehen könnten, minimiert, wodurch eindeutigere Ergebnisse zu erwarten sind.

2. Durchführung von Kontrollversuchen

Neben dem eigentlichen Experiment sollte stets ein Kontrollversuch (Versuchsanordnung ohne systematisches Eingreifen) durchgeführt werden. Dadurch können die Schüler die Ergebnisse beider Versuchdurchläufe direkt vergleichen und die Bedeutung des zu untersuchenden Faktors besser dimensionieren.

4. Überschaubarer Versuchsaufbau

Führt die Lehrperson ein Demonstrationsexperiment durch, so sollte sie darauf achten, dass alle Schüler den Versuchaufbau gut überblicken können. Apparaturen sollten dabei übersichtlich gestaltet sein (z.B. durch Beschriftung) und nicht von Körperteilen der Lehrkraft verdeckt werden.

5. *Kritische Reflexion des Ablaufs*

Die Schüler sollten die Experimentieranordnung kritisch hinterfragen und unerwartete Ergebnisse erneut prüfen. Dadurch werden die Hauptschritte des Experimentierens verdeutlicht und Problemlösefähigkeiten sowie Kreativität für Optimierungsansätze gefördert.

6. *Parallele Messreihen*

Bei lebenden Versuchobjekten können unterschiedliche Reaktionen auftreten. Um aussagekräftige Ergebnisse verzeichnen zu können sollten demnach parallele Messreihen mit mehreren Individuen durchgeführt werden.

6. *Protokollführung*

Bei der Protokollführung sollen die Schüler die einzelnen Schritte der Versuchsanordnung dokumentieren. Dieses bietet die Möglichkeit, die einzelnen Schritte der Experimentieranordnung, auch nach Beendigung des Experiments, gedanklich nachzuvollziehen.

7. *Innere Differenzierung*

Besonders umfangreiche Themen eigenen sich zu einer inneren Differenzierung, bei der die Schüler in Kleingruppen verschiedene, in Bezug stehende Experimentieraufgaben bearbeiten. Dadurch können komplexe Sachverhalte innerhalb des zeitlich begrenzten Unterrichts bearbeitet und die Arbeitsweise von Forscherteams simuliert werden.

Abschließend sei angemerkt, dass es bei der Durchführung von Experimenten als unerlässlich gilt, vorgeschriebene Sicherheits- und Hygienevorschriften, sowie Pflanzen- und Tierschutzbestimmungen einzuhalten.

7 Chancen und Risiken

„Nach Pisa-Schock nun Pisa-Jubel: In den Naturwissenschaften liegen deutsche Schüler erstmals über dem Durchschnitt. Zeigt der tiefgreifende Wandel an Schulen schon Wirkung? Langweiliges Faktenpauken im Unterricht war gestern, heute experimentiert der Nachwuchs selbst. " (BRANDt et al. 13.12.2007, S. 84)

In aktuellen Debatten findet die Darlegung der Effektivität von Experimenten im Unterricht immer wieder Anklang. In der Pisa-Studie von 2006 erreichten deutsche 15-Jährige erstmals den weiten Sprung vom unteren Drittel auf einen Rang im oberen Viertel. Schwerpunkte der Untersuchungen lagen dabei in den Naturwissenschaften (BRANDT et al. 13.12.2007, S. 85).

Politiker begründen diesen Auftrieb mit Projekten zur Förderung des naturwissenschaftlichen Unterrichts, die nach der Pisa-Studie von 2003 in den betreffenden Schulen eingeführt wurden. Entscheidend ist, dass Programme wie der „Sinus Transfer" (Steigerung der Effizienz des mathematisch-naturwissenschaftlichen Unterrichts), verstärkten Wert auf Experimente im Unterricht legen. Nach Jürgen Zöllner, Chef der Kultusministerkonferenz, begründet diese Arbeitsweise die hohe Rangplatzierung der deutschen Schüler (BRANDT et al. 13.12.2007, S. 86).

Bereits einige Jahre zuvor konnten zahlreiche Studien der fachdidaktischen Unterrichtsforschung die nachgesagte Effektivität von Experimenten für bessere Lernergebnisse belegen. Besonders bedeutsam erweisen sich die Quer- und Längschnittanalysen von FÜLLER (1992) an einem Bayrischen Gymnasium. Die Querschnittsanalysen haben dabei anhand eines Testverfahrens den Lernzuwachs durch Experimente in Biologie in der 5. und 7. Jahrgangsstufe untersucht. Es gab zwei Versuchgruppen, in denen Inhalte in der einen Gruppe durch Schülerexperimente, und der anderen Gruppe durch Demonstrationsexperimente erarbeitet wurden. Eine dritte Gruppe, die Kontrollgruppe, erarbeitet die gleichen Inhalte ohne zu experimentieren. Die Wissensergebnisse des Tests fielen wie folgt aus (Abbildung 1):

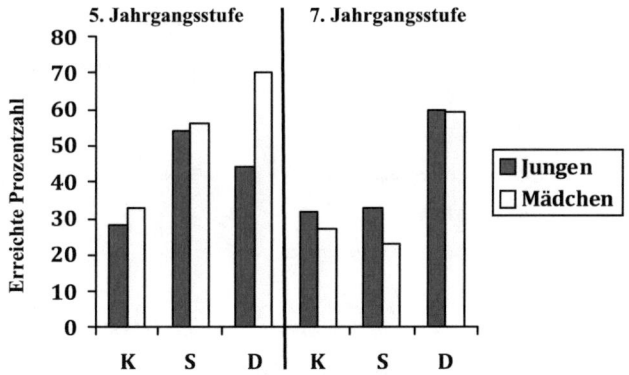

Abb. 1. Wissenstestergebnisse in Abhängigkeit von der Unterrichtsform, Gymnasium; S: Schülerexperiment; D: Demonstrationsexperiment; K: Kontrolle

Der Lernzuwachs ist im 5. Jahrgang durch experimentellen Unterricht deutlich erhöht. In der 7. Jahrgangsstufe beschränkt sich der positivere Lernzuwachs durch Experimente jedoch nur auf das Demonstrationsexperiment. Weiterhin sind einige Unterschiede zwischen den Geschlechtern auffällig. Während Mädchen in der 5. Klasse insgesamt bessere Ergebnisse erzielten (besonders durch Demonstrationsexperimente), verzeichnen die Jungen einen kleinen Vorsprung in der 7. Jahrgangsstufe.

Ergänzend dazu konnten die Längsschnittanalysen zeigen, dass eigenes Experimentieren zudem zu einer positiven Einstellung zum Biologieunterricht führen und das Interesse am Fach fördern kann (insbesondere in der 6. und 7. Klasse). Allerdings gilt dieses für Schülerexperimente. Demonstrationsexperimente vermindern geringfügig sowohl das Interesse als auch die positive Einstellung zum Fach Biologie.

Trotz dieser insgesamt positiven Befunde von FÜLLER (1992) zur Effektivität von Experimenten im Biologieunterricht, wird laut einer Umfrage des Verbands Deutscher Biologen (WEIGELT & GRABINSKI 1996) die geringe Verwendung von Experimenten im Unterricht transparent. Bei etwa 50 % aller Lehrer liegt der Anteil von durchgeführten Schüler- und Demonstrationsexperimenten im Biologieunterricht unter 10 %, bei weiteren 40 Prozent der Befragten bei 10 – 20 %. Nach der Darlegung der bewiesenen Effektivität für den Lernzuwachs und der positive Interessens- und Einstellungsänderung überraschen diese Zahlen. Welche Gründe gibt es also für den Mangel an Experimenten? Dazu hat MEYER (1987), in einer groß angelegten Untersuchung in Nordrhein-Westfalen, Lehrer unter anderem zu den Faktoren befragt, die Experimentalunterricht beeinträchtigen. Aus seinen Ergebnissen erstellte er eine Rangfolge dieser beeinträchtigenden Faktoren für die Sekundarstufe I, die auf den ersten zehn Plätzen wie folgt aussieht:

1. *Zu große Klassen*
2. *Zu wenig Materialien*
3. *Zu hoher Zeitaufwand*
4. *Disziplinschwierigkeiten*
5. *Experimentelles Arbeiten zu anspruchsvoll*
6. *Kein Fachraum*
7. *Bevorzugung von Filmen und anderen Medien*
8. *Zu große organisatorische Probleme*
9. *Zu große Stoffffülle*
10. *Zu große zusätzliche Belastung*

Es geht hervor, dass besonders organisatorische und die Umsetzung betreffende Gründe als beeinträchtigende Faktoren aufgeführt werden und gegenüber der eigenen Kompetenz dominieren.

8 Zusammenfassung

Durch Experimente im Biologieunterricht erhalten Schüler Einblicke in naturwissenschaftliche Arbeitsweisen und erwerben eine Vielzahl von Kompetenzen im Sinne der KMK-Bildungsstandards. Das methodische Vorgehen der Lehrperson sollte dabei nicht dem Selbstzweck dienen, sondern stets didaktische Absichten verfolgen, sodass den Schülern Sinn und Zusammenhang des Erkenntnisprozesses ersichtlich sind.

Dafür gilt es zwischen verschiednen Arten und Möglichkeiten des Einsatzes zu wählen und bestimmte Regeln bei der Durchführung zu beachten. Bei der Wahl der Organisationsform ist zu bedenken, dass Demonstrationsexperimente zu besseren Lernergebnissen führen, im Gegenzug aber das Absinken von Interesse und Einstellung zum Fach bewirken (Füller 1992). Zudem erlangen die Schüler keine individuellen Experimentierfähigkeiten. Daher sollte die Wahl der Organisationsform zum Erzielen bestmöglicher Ergebnisse durch „a mixture of methods" (Killermann 1996, s. 338) gekennzeichnet sein.

Für die optimale Einbettung des Experiments in den Erkenntnisprozess der Schüler, sollte die methodische Vorgehensweise in der Regel als exakte Induktion erfolgen. Allerdings erfordert diese einen erhöhten zeitlichen Aufwand durch eine intensive und lang anhaltende Auseinandersetzung sowie kontinuierliches Training. Der Umfrage von Meyer (1987) zufolge, nennen jedoch Lehrer, neben organisatorischen Gründen, zeitlichen Aufwand als beeinträchtigende Ursache des Experimentalunterrichts.

Dabei kann der Aufwand des Experimentierens den Untersuchungen von Füller (1992) zufolge, mit einem höheren Nutzen für die Schüler einhergehen, als herkömmlicher Unterricht. Der Wissenszuwachs wird deutlich gesteigert, die Einstellung zum Fach positiv beeinflusst und das Interesse an Biologie gefördert. Die hohe Rangplatzierung deutscher Schüler in der Pisa-Studie demonstriert diese positiven Effekte an einem aktuellen Beispiel.

Aus diesem Grund sollten Lehrpersonen vor dem einhergehenden Aufwand des Experimentalunterrichts nicht zurückschrecken, sondern viel mehr regelmäßig Gebrauch davon machen. Dadurch können die Schüler ihre Experimentierfähigkeiten trainieren, wodurch sie auch komplexere Experimentieranordnungen nützlich bewältigen können.

9 Quellenverzeichnis

BRANDT, A./ KOCH, J./ VERBEET, M. (2007). Land der kleinen Forscher. In: *Der Spiegel*. Nr. 49 (03.12.07). Hamburg, Spiegel – Verlag. S. 84 - 86

BERCK, K. (2005). *Biologiedidaktik. Grundlagen und Methoden*. Wiebelsheim, Quelle & Meyer. S. 88, 139f, 154

BERCK, K./ GRAF, D. (2003). *Biologiedidaktik von A bis Z. Wörterbuch mit 100 Begriffen*. Wiebelsheim, Quelle & Meyer. S. 26

ECKBRECHT, H./ ECKBRECHT, D./ KLUGE, S. (2006). *Natura. Biologie für Gymnasien. Experimentesammlung Sekundarstufe I*. Stuttgart, Ernst Klett. S.10 ff.

ESCHENHAGEN, D. / KATTMANN, U./ RODI, D. (2006). *Fachdidaktik Biologie*. Köln, Aulis. S. 260 - 270

ESSER, H. (1978). *Der Biologieunterricht. Inhalte – Strukturen – Verfahren*. Hannover, Schroedel. O.A, s. u. 2. Experimentieren

FÜLLER, F. (1992). Biologische Unterrichtsexperimente: Bedeutung und Effektivität, Diss. In: W. Killermann. Biology education in Germany: research into the effectiveness of different teaching methods. *International Journal of Science Education*. Vol. 13. Nr. 3 (1996). S. 333-346

GRAF, E. (2004). *Biologiedidaktik. Für Studium und Unterrichtspraxis*. Donauwörth,   Auer. S. 125 - 129

GRUPPE, H. (1977). *Biologie – Didaktik*. Köln, Aulis. S. 220

KILLERMANN, W. (1996). Biology education in Germany: research into the effectiveness of different teaching methods. *International Journal of Science Education*. Vol. 13. Nr. 3 (1996). S. 333-346

KLAUTKE, S. (1997). Ist das Experimentieren im Biologieunterricht noch zeitgemäß? *MNU 50/06* (01.09.1997). Bonn, Dümmer. S. 323-329

KONFUZIUS (551- 497 v. Chr); zit. in: Eckbrecht ECKBRECHT, H./ ECKBRECHT, D./ KLUGE, S. (2006). *Natura. Biologie für Gymnasien. Experimentesammlung Sekundarstufe I*. Stuttgart, Ernst Klett. S.10

MEYER, H. (1987). Experimentelles Arbeiten im Biologieunterricht. Zit. in: KLAUTKE, S. (1997). Ist das Experimentieren im Biologieunterricht noch zeitgemäß? *MNU 50/06* (01.09.1997). Bonn, Dümmer. S. 326

MOSTLER, G./ KRUMWIEDE, D./ MEYER, G. (1979). *Methodik und Didaktik des Biologieunterrichts*. Heidelberg, Quelle & Meyer. S. 217 ff.

KULTUSMINISTERKONFERENZ (Hrsg.) (16.12.2004). *Bildungsstandards im Fach Biologie für den Mittleren Schulabschluss.* http://db2.nibis.de/1db/cuvo/datei/bs_ms_kmk_biologie.pdf; letzter Aufruf 10.02.2009

PÜTZ, N. (Hrsg.) (2005). *Allgemeine Biologiedidaktik. Grundlagen und Perspektive.* Institut für Didaktik der Naturwissenschaften, der Mathematik und des Sachunterrichts (HS Vechta). S. 27-29

SPÖRHASE-EICHMANN, U./ RUPPERT, W. (Hrsg.) (2004). *Biologie Didaktik. Praxixhandbuch für die Sekundarstufe I und II.* Berlin, Cornelsen. S. 115, 117, 152, 155

STAECK, L. (1998). Praktisches Arbeiten im Biologieunterricht. Teil 3: Das Experimentieren. Aus: *Biologie in der Schule* – 47 (1998). S. 129 - 133

WAGENER, A. (1992). *Biologie unterrichten. Ein fachdidaktisches Arbeitsbuch.* Wiesbaden, Quelle & Meyer. S. 117 – 126

WEIGELT, C./ GRABINSKI, E. (1996). VDBiol-Schulumfrage zum Biologieunterricht. In: BERCK, K. (2005). *Biologiedidaktik. Grundlagen und Methoden.* Wiebelsheim, Quelle. S. 139